—— 火电厂安全生产典型违章

燃料运检

孙海峰　韩路　陈小强　编
王瑞龙　绘图

中国电力出版社
CHINA ELECTRIC POWER PRESS

图书在版编目(CIP)数据

火电厂安全生产典型违章. 燃料运检 / 孙海峰, 韩路, 陈小强编; 王瑞龙绘图.
— 北京: 中国电力出版社, 2017.7
(图说安全)
ISBN 978-7-5198-0929-4

Ⅰ. ①火… Ⅱ. ①孙… ②韩… ③陈… ④王… Ⅲ. ①火电厂–安全生产–违章作业–图解 Ⅳ. ① TM621-64

中国版本图书馆 CIP 数据核字 (2017) 第 161690 号

出版发行: 中国电力出版社	印　刷: 北京瑞禾彩色印刷有限公司
地　　址: 北京市东城区北京站西街 19 号	版　次: 2017 年 7 月第一版
(邮政编码 100005)	印　次: 2017 年 7 月北京第一次印刷
网　　址: http://www.cepp.sgcc.com.cn	开　本: 889 毫米 ×1194 毫米 48 开本
责任编辑: 畅舒　(010-63412312)	印　张: 1.5
责任校对: 王开云	字　数: 39 千字
装帧设计: 张俊霞	印　数: 0001—2000 册
责任印制: 蔺义舟	定　价: 16.00 元

版权专有　侵权必究

本书如有印装质量问题, 我社发行部负责退换

内容提要

《图说安全——火电厂安全生产典型违章》针对火电厂专业人员工作实际,以生动形象的漫画和精炼语言再现违章现场,具有图文并茂、通俗易懂的特点。现场生产人员通过阅读能够起到铭记安全操作规程、减少安全事故的作用。

本分册从燃料运检人员个人用品违章,安全意识违章,交接班违章,现场作业违章,班组管理违章,巡回检查违章,操作监护违章,操作票、工作票违章八个方面对电厂燃料运检专业近年来在生产过程中的各类违章现象进行筛选和整理,共计 49 种。

本书可供各发电企业现场生产人员及管理人员进行安全教育时使用,也可供电力系统相关人员学习参考。

目 录

前言

一、 个人用品违章 ·················· 01

二、 安全意识违章 ·················· 06

三、 交接班违章 ···················· 12

四、 现场作业违章 ·················· 16

五、 班组管理违章 ·················· 29

六、 巡回检查违章 ·················· 38

七、 操作监护违章 ·················· 41

八、 操作票、工作票违章 ············ 45

一、个人用品违章

图说安全——火电厂安全生产典型违章 ——燃料运检

1. 安全帽佩戴不合标准，帽带没系牢。

一、个人用品 违章

❷ 巡视设备不带手电。

图说安全——火电厂安全生产典型违章 ——燃料运检

③ 女同志进现场长发不盘在安全帽内。

一、个人用品 违章

④ 进入生产现场着装不符合要求（安全帽带不系、衣扣不系等），不带安全工器具（手电筒、验电笔）和防护用品（手套、口罩）等。

二、安全意识违章

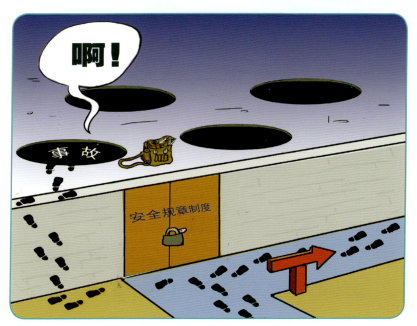

❺ 安全会宣讲的多,安全监督检查时紧时松,员工存在"撞大运"的心理,安全未落到实际工作中。

图说安全——火电厂安全生产典型违章 ——燃料运检

❻ 安全不能真正入脑入心，口头上讲一套，实际行动又一套。

二、安全意识违章

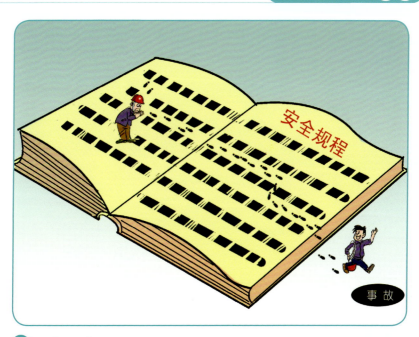

7 对《安规》的条款只知其一,不知内涵,对很多违章行为浑然不知。

⑧ 对违章现象熟视无睹,自保、互保意识不高。

二、安全意识

⑨ 为了完成生产任务,存在蛮干、冒险等侥幸心理。

三、交接班违章

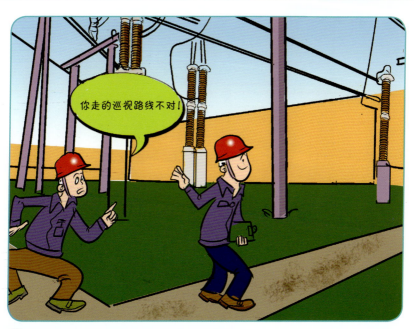

10 交接班执行不严肃,有不到现场现象。

图说安全——火电厂安全生产典型违章　——燃料运检

❶❶ 巡回检查制度执行不认真、不到位。值班记录和签到随意性大。

三、交接班 违章

⑫ 对设备长期存在的缺陷和隐患重视程度不够,不能及时处理。

四、现场作业违章

四、现场作业 违章

⑬ 汽车采样过程中,车辆未停稳熄火就开始采样。

图说安全——火电厂安全生产典型违章 ——燃料运检

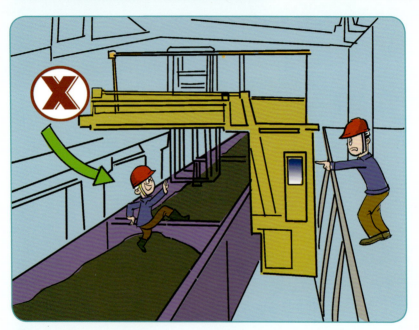

14 在火车上人工采样过程中,有跨越车厢现象。

四、现场作业 违章

⑮ 不能严格落实作业规定,出现煤场交叉作业,斗轮机和卸煤作业没有保持好安全距离。

图说安全——火电厂安全生产典型违章 ——燃料运检

16 接临时电源前不检测负荷设备的好坏，就直接上电。

四、现场作业 违章

17 临时或短时间处理设备缺陷、故障,怕麻烦,安全措施不全面。

图说安全——火电厂安全生产典型违章 ——燃料运检

⑱ 未到现场全面核查设备状况,盲目允许设备启动。

四、现场作业违章

⑲ 检修工艺、标准、技术规程掌握不透彻,工作仅凭借经验臆测行事。

图说安全——火电厂安全生产典型违章 ——燃料运检

⑳ 进入现场工具携带不全或使用绝缘皮破损的工具。

四、现场作业 违章

21 运行中纠正跑偏的皮带。

图说安全——火电厂安全生产典型违章 ——燃料运检

22 跨越运行中的皮带。

四、现场作业违章

㉓ 在石子煤斗周围及坑道内吸烟或动用明火。

图说安全——火电厂安全生产典型违章 ——燃料运检

㉔ 使用不匹配的加长扳手操作阀门。

五、班组管理违章

图说安全——火电厂安全生产典型违章 ——燃料运检

25 部门、班组管理粗放,安全工作不到位。

五、班组管理 违章

26 为完成生产任务时常会重生产轻安全,存在违章指挥情况。

图说安全——火电厂安全生产典型违章 ——燃料运检

27 安全监管处罚不严,对现场存在的安全问题只纠正不考核或考核轻,致安全违章行为重复出现。

五、班组管理 违章

28 班组对季节性安全活动，思想认识不足，存在应付、走过场现象。

图说安全——火电厂安全生产典型违章 ——燃料运检

㉙ 部分班组安全活动流于形式或准备不足,存在班长开安全会"一言堂",没有互动,致使现场存在的各类安全问题收集不全或安全措施针对性不强。

五、班组管理 违章

30 盲目服从违章指挥。

图说安全——火电厂安全生产典型违章 ——燃料运检

㉛ 值班员长时间待在值班室，不按时按要求巡查设备。在值班室做与工作无关的事（打电话聊天、玩手机等）。

五、班组管理 违章

㉜ 被动的接受安全管理,不能达到"我要安全"的效果。

六、巡回检查 违章

㉝ 进入采样、制样煤场区域，存在不戴安全帽、不穿反光背心现象。

图说安全——火电厂安全生产典型违章 ——燃料运检

㉞《巡检卡》执行不认真,不能按班组规定线路执行。巡回检查不细致,流于形式,对设备缺陷不能及时发现。

七、操作监护违章

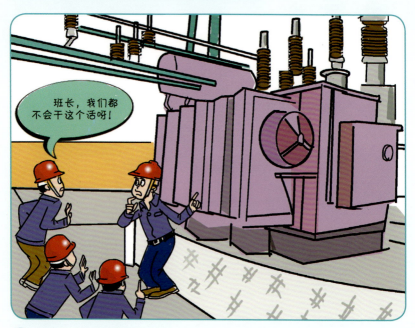

㉟ 班组对如电气操作、故障处理等高风险作业培训力度不够,全面掌握的人员数量不足。

七、操作监护 违章

㊱ 班组人员技能、身体状况等综合条件与班组工作不匹配。

图说安全——火电厂安全生产典型违章 ——燃料运检

③⑦ 个别值班员作业前不联系、不打招呼、不汇报。喜欢独干、蛮干。

图说安全——火电厂安全生产典型违章 ——燃料运检

㊳ 检修存在"无票"作业现象,就地运行值班员不能及时询问和制止。

八、操作票、工作票 违章

㊴ 个别值班员对"两票"的内容和执行情况不清楚，不检查，不确认安全措施就盲目签字允许开工。

图说安全——火电厂安全生产典型违章 ——燃料运检

④ 工作票在许可开工前，许可人和负责人没有共同赴就地检查安全措施，就开工。

八、操作票、工作票 违章

㊶ 一些许可人没有养成"审票"的习惯,对"票面"内容不关心(工作内容、批准时间、安全措施、工作地点等)。

图说安全——火电厂安全生产典型违章 ——燃料运检

42 许可人对执行中工作票进展情况不清楚,没有起到监护作用。

八、操作票、工作票 违章

㊸ 一些设备简单停送电操作,没有持"操作票"进行操作,或在没有监护人的情况下进行停送电操作。

㊹ "两票"执行过程中,有代签名现象。

八、操作票、工作票 违章

㊺ 停送电通知单执行不严格,有电话通知停送电现象。

图说安全——火电厂安全生产典型违章 ——燃料运检

㊻ 工作票中对危险点预控措施不严谨。

八、操作票、工作票 违章

47 操作票执行过程中,存在漏项现象。

48 对工作票把关不严,工作票中的安全措施有不完善现象。

八、操作票、工作票

49 开工前不检查安全措施、不验电。